U0323813

不用炸的甜甜圈

〔日〕幸 著

王娟 罗展雄 赵飞 译

陕西新华出版传媒集团

陕西科学技术出版社

NAMA DONUT TO YAKI DONUT
Copyright © Sachi 2010.
Chinese translation rights in simplified characters arranged with
Nitto Shoin Honsha Co., Ltd.
through Japan UNI Agency, Inc., Tokyo

著作权合同登记号：25-2018-243

图书在版编目（CIP）数据

　不用炸的甜甜圈 /（日）幸著；王娟，罗展雄，赵飞译 .-- 西安：陕西科学技术出版社，2019.3
　ISBN 978-7-5369-7467-8

　Ⅰ．①不… Ⅱ．①幸… ②王… ③罗… ④赵… Ⅲ．①甜食—制作—日本 Ⅳ．① TS972.134

　中国版本图书馆 CIP 数据核字（2019）第 018807 号

不用炸的甜甜圈
（幸　著）

出 版 人	孙　玲
责任编辑	赵文欣　周晞雯
封面设计	曾　珂

出 版 者	陕西新华出版传媒集团　　陕西科学技术出版社
	西安市曲江新区登高路 1388 号陕西新华出版传媒产业大厦 B 座
	电话（029）81205187　传真（029）81205155　邮编 710061
	http://www.snstp.com
发 行 者	陕西新华出版传媒集团　　陕西科学技术出版社
	电话（029）81205180　81206809
印　　刷	陕西金和印务有限公司
规　　格	720mm×1000mm　16 开本
印　　张	6
字　　数	50 千字
版　　次	2019 年 3 月第 1 版
	2019 年 3 月第 1 次印刷
书　　号	ISBN 978-7-5369-7467-8
定　　价	45.00 元

序

传统的甜甜圈是用油炸的，

而本书为您介绍的制作方法更健康。

不用油炸的生圈和烘焙甜甜圈

新型时尚的健康美食。

生圈口感细腻、色彩鲜艳；

烘焙甜甜圈同时拥有口感细腻、

柔软又筋道的特殊魅力。

在介绍生圈和烘焙甜甜圈食材的同时

也会介绍其烹饪及包装方法。

期待大家能够享受制作甜甜圈的乐趣，

同时获得视觉与味觉的极致体验。

幸

　　甜点顾问，1997年赴法。1999年毕业于法国蓝带国际学院巴黎分校，西点专业。师从在布里斯托尔的巴黎酒店担任西点师的古尔·梅塞尔先生。同时，在巴黎西点学院、巴黎郊外的西点屋研修。2000年，在法国美食大奖赛中荣获第五名的好成绩。2002年回到日本，从事西点制作与讲师工作。擅长杂志、广告中关于西点烘焙方法的介绍，食品公司中新产品的研发等领域。著有《绚丽的美食》一书。

目 录

〔本书中约定俗成的事情〕

· 鸡蛋选用中等大小（约50g：蛋清30g、蛋黄20g）。
· 生奶油选用乳脂含量为35%的。
· 选用电子烤箱。烤箱型号不同多少会有些差异，根据需要进行调节。
· 微波炉的加热时间以功率为600W为标准，500W的微波炉加热时长为1.2倍。
· 烘焙甜甜圈（P34~74）的个数，根据鸡蛋的个数而定。

◎ 基本食材

首先介绍制作甜甜圈时需要的基本食材。

〔面粉类〕

低筋粉　　　准高筋粉　　　蛋糕粉　　　木薯淀粉

低筋粉主要用来制作点心。比起低筋粉和中筋粉，高筋粉蛋白质的含量更高，一般在制作柔软的烘焙甜甜圈时会使用。蛋糕粉会使烘焙出的甜甜圈柔软又筋道。木薯淀粉是从生长于东南亚的木薯中提取的淀粉，会使甜甜圈更为蓬松。这些面粉不管是哪个厂家的都可以用，只是为了防止面粉有结团，最好过筛后再使用。

〔鸡蛋〕

鸡蛋一般使用中等大小的（50g左右）、新鲜的鸡蛋。蛋壳厚，打开后可以看到黄色的蛋黄。

〔砂糖〕

绵砂糖　　　蔗糖　　　赤糖　　　蜂蜜

砂糖可以使面团更加柔软，并能增加其保质期。绵砂糖具有保湿性，在烤点心时加入绵砂糖可以使点心不干涩。蔗糖独特的风味非常适合用来烤点心。赤糖能使人感受到醇厚的甜味。蜂蜜使用的是洋槐蜜。如果想要做出特殊的口味，建议使用板栗蜜或薰衣草蜜。

〔食盐〕

推荐使用矿物质丰富的食盐。

〔乳制品〕

牛奶

（左）无盐黄油
（右）发酵黄油　　　芝士　　　生奶油

通常情况下使用的是无盐黄油，但为了更加保证原汁原味，推荐使用发酵黄油。芝士如果有独立包装的，不需称重，较为方便。生奶油推荐使用乳脂含量为35%的。打发时可将装生奶油的碗放在盛有冰水的容器里。牛奶推荐使用100%的生牛奶。

〔泡打粉〕

使用不锈钢的器皿，将泡打粉和面粉混合搅拌。

〔果酱类〕

〔食用油〕

　　一般情况下，会在甜甜圈的面团里放入果酱。果酱一旦开封后请立即使用。冷冻保存的时候，为了防止混入其他食物的味道，请务必要密封好。

　　本书中使用的食用油是原汁原味的菜籽油，会有淡淡的油香。

〔干果·坚果〕

〔料酒〕

香草荚

料酒

　　推荐使用没有漂白剂和防腐剂的有机干果。坚果类如果长期保存容易氧化，请尽快使用。同时注意，不要放在潮湿和高温的地方。

　　料酒和香草荚都是用来提味的。香草荚中的香草豆用来制作奶糖和蛋黄酱，豆荚也可以同时使用。

〔明胶粉〕

〔巧克力〕

涂层巧克力　　　　　片状巧克力

　　制作生圈时定型用。根据厂家不同，黏度也不同，请务必详细阅读说明书。

　　制作烘焙甜甜圈时使用涂层巧克力，其不需要糖衣机，只需加热就可以熔化，非常便利。片状巧克力的特点为省时、便于熔化。

基本工具

介绍有关制作甜甜圈时必备的工具。

〔模具〕

烘焙甜甜圈模具　　　　　　　　　　生圈模具

烘焙甜甜圈模具（尺寸为18cm×32cm×2.3cm，直径7cm）：因为面团会膨胀，所以建议放入6~7成比较合适。生圈模具（尺寸为17.5cm×30cm×2.4cm，直径7cm）。在放入面团后稳定性不好，所以模具底部有一个固定板，放进冰箱时需要注意。

〔电子秤〕

推荐使用计量精确、计量最小单位为1g的电子秤。

〔容器〕

耐热碗

不锈钢碗

耐热碗和不锈钢碗最好使用直径为20cm左右的。可以准备一个小号的碗，用于隔水加热。

〔橡胶刮刀〕

搅拌面团时使用。推荐使用耐火耐高温的刮刀。

〔电动打蛋器〕

推荐使用能调节速度的电动打蛋器。

〔筛网〕

面粉过筛不可或缺的工具。建议选择网眼较细的筛网。

〔裱花袋·裱花嘴〕

裱花嘴是装在裱花袋上使用的，除了用于奶油装饰，也用于为烘焙甜甜圈设计造型。裱花嘴常常被用于调整烤好后甜甜圈内圈的形状。

〔手动打蛋器〕

好拿、好用的就可以。

基本手法

这里为大家介绍制作美味甜甜圈的基本手法。

1. 面粉过筛

制作甜甜圈时使用的低筋粉和准高筋粉要过筛。过筛后的面粉可使面团更加细致光滑。

2. 在烤箱纸上过筛

将面粉在烤箱纸上过筛更方便倒入钵内。

3. 充分搅拌

在搅拌油脂多的材料时加入油脂较少的材料（生奶油、面团等），使其混合后再将全部材料搅拌均匀。

4. 打发奶油

将碗放在一个盛有冰水的碗上，加入生奶油（150ml）和砂糖（15g）。用电动打蛋器打发（将碗稍微倾斜更容易打发起泡）。

在做胚底时，将奶油打发至6成；做装裱时，将奶油打发至8成。

甜甜圈的保存方法

此处为大家介绍甜甜圈的保鲜方法。

1 生圈使用保鲜盒

将生圈放入容积匹配的保鲜盒内，放置于冰箱冷冻，可存放5日。食用时，将保鲜盒拿出冰箱，进行解冻。

2 烘焙甜甜圈使用保鲜袋

烘焙甜甜圈在冷却后使用保鲜袋保存。食用时用微波炉加热。

如食用后仍有剩余，将装有甜甜圈的保鲜袋放入密封袋内，置入冰箱冷冻，可保存一周左右。

本书的使用方法

本书以甜甜圈制作的基本流程为主，参考其烹饪方法。在此针对制作流程和烹饪方法分别进行说明。

生圈的制作

生圈可分为原味的和含有果酱的，两者的制作流程各不相同。

烹饪方法可参考制作流程来做美味的生圈。

例：原味生圈的制作流程

材料（6枚）

【原味胚底】

A
- 蛋黄·········1个
- 绵砂糖·········15g
- 牛奶·········60ml
- 明胶粉·········1小匙

片状巧克力
（含55%可可）······50g

君度酒······1.5小匙
生奶油（含35%乳脂）······60ml

【杰诺瓦斯胚底】
- 低筋粉·········25g
- 玉米淀粉······1小匙

B
- 蛋黄·········2个
- 绵砂糖·········23g
- 蜂蜜·········1小匙

互换

以上附有原味胚底和杰诺瓦斯胚底（法语音译，指全量打发）的所有配料。如原味胚底有蛋黄、绵砂糖、牛奶、明胶粉、增味材料（巧克力）、提味的料酒（可用水果类、利口酒如君度酒）、生奶油等。杰诺瓦斯胚底的制作原料和方法类同。

例：棕圈的烹饪方法

材料（6枚）

【原味胚底】
- 蛋黄·········1个
- 绵砂糖·········20g
- 牛奶·········60ml
- 明胶粉·········1小匙
- 栗子酱·········30g
- 君度酒·········1小匙
- 生奶油·········70ml
- 蜜饯栗子·········1粒
- 陈皮·········1块

【杰诺瓦斯胚底】
与P12用量相同

原味胚料的原料较为多变。如烹饪棕圈时可将片状巧克力与栗子酱替换。

烘焙甜甜圈的制作

为了制作口感细腻、柔软又筋道的烘焙甜甜圈，有与之相对应的烘焙程序。

烹饪方法可参考制作流程来做美味的烘焙甜甜圈。

例：烹饪口感细腻的烘焙甜甜圈流程

材料（12~14枚）

- 低筋粉·········160g
- 发酵粉·········1小匙

A
- 鸡蛋·········1个
- 蛋黄·········1个
- 绵砂糖·········85g
- 蜂蜜·········1大匙+1小匙
- 盐·········少量

- 牛奶·········70ml
- 无盐黄油·········35g
- 菜籽油·········1大匙

烹饪程序中包括低筋粉、发酵粉、A、牛奶、B、无盐黄油、菜籽油等。

例：红茶甜甜圈的烹饪方法

材料（12~14枚）

- 低筋粉·········160g
- 发酵粉·········1小匙
- 鸡蛋·········1个
- 蛋黄·········1个
- 绵砂糖·········80g
- 蜂蜜·········20g
- 牛奶·········75ml
- 无盐黄油·········35g
- 菜籽油·········1大匙
- 红茶茶叶······2小匙

作为附加材料

除了制作程序中的材料外，另外加入红茶茶叶。参考制作流程进行烘焙。

松软、光润、奶油香

生圈

之

烹饪方法

生圈是一款看到就会使人产生食欲的
时尚甜点。
满满都是梦幻色彩的甜甜圈，
可以使人品味到入口即化的口感，
陶醉于浓郁的奶香中。

 # 原味生圈

巧克力生圈

爽口美味、口感松软的原味生圈。
原味生圈的胚底是用鸡蛋和牛奶做的,因此属于蛋奶沙司。
其综合了海绵质地与杰诺瓦斯的特点,拥有全新口感!

食材（6枚）

【原味胚底】

| A | 蛋黄 | 1个 |
| | 绵砂糖 | 15g |

牛奶 ·············· 60ml
明胶粉 ············ 1小匙
片状巧克力（含55%可可）······· 50g
君度酒 ············ 1.5小匙
生奶油 ············ 60ml

【杰诺瓦斯胚底】

低筋粉 ············ 28g
玉米淀粉 ·········· 1小匙

B	鸡蛋	2个
	绵砂糖	30g
	蜂蜜	1小匙

事先准备

· 明胶粉中加入2匙水充分搅拌。
· 混合低筋粉和玉米淀粉。
· 裁20cm×30cm的锡箔纸,放置于烤盘备用。
· 烤箱预热至180℃。

How to make

〔 制作原味胚底 〕

1　将A放入耐热盘中,用打蛋器搅拌。

2　在另一个耐热碗中加入牛奶,贴上保鲜膜,放在电磁炉上,稍微加热后加入1中,然后用打蛋器充分搅拌（加热过程中不要使保鲜膜臌胀）。

3　将耐热碗放在电磁炉上加热30秒后充分搅拌。如加热不充分则增加20秒。然后,取面团用手指拉线,不黏手则可。

4　将少量准备好的明胶粉加入3中,充分搅拌至融合。

5　在另一个碗中放入巧克力,将3和4过滤至碗中。

6　放置15秒后用打蛋器充分搅拌。加入君度酒再次搅拌。如碗底较烫可放入冷水使温度降至人体温度（36.2~37.3℃）。

在另一个碗中放入生奶油，将碗放入盛有冰水的碗，用电动搅拌器搅拌6分钟（打发至泡沫能缓慢滴下为止）。

将一勺生奶油加入6中，融合后放入7中，搅拌至松软。

将面糊沿着模具中间最高的地方倒入，贴上保鲜膜，放入冰箱冷冻2~3小时。

〔 **制作杰诺瓦斯胚底** 〕

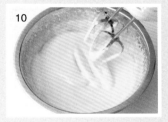

将B放入碗内加热，同时用打蛋器搅拌。加热至40℃时将碗取出，将电动搅拌器调至高速搅拌，待面糊出现大量泡沫时调至低速。

分2~3次放入面粉类原料，用橡胶刮刀搅拌至松软，待面糊变光亮润泽后，倒在烤盘的锡箔纸上（可在锡纸四角处少放一些面糊黏住烤盘，保持锡纸的稳定性）。

用刮刀将面糊（厚约7mm）抹平，放在180℃的烤箱里烤8~10分钟。烤好后放在网面上冷却。胚底冷却之后，为使之不变干可裹上保鲜膜。

〔 **完成制作** 〕

待步骤12降温后，用直径8cm的冲孔模具按压出杰诺瓦斯胚底。如果不考虑形状，用果酱瓶或玻璃杯也可以。

从冰箱取出两个原味胚底，把平整的两个面拼在一起，放在13上面。

用圆形模具将杰诺瓦斯胚底中间去掉，放置解冻后就能食用了。

※ 制作P14~23的配料时，请参照此步骤。

13

咖啡生圈

用速溶咖啡做的咖啡甜甜圈。
微苦咖啡香使空气中飘荡着成熟的气息。

食材（6 枚）

【原味胚底】

蛋黄 ·················1 个
绵砂糖 ············· 18g
牛奶 ············· 60ml
明胶粉 ······· 1.5 小匙
速溶咖啡······· 3 小匙
朗姆酒 ········· 半小匙
生奶油 ··········· 65ml

【杰诺瓦斯胚底】
与 P12 用量相同。

制作方法

1 参照 P12 的步骤 1~3 制作原味胚底（在 2 中加入热牛奶后，再加入速溶咖啡充分搅拌）。

2 将少量 1 加入浸泡后的明胶粉中充分搅拌、融合。

3 将 2 放入 1 的碗中，用打蛋器充分搅拌。

4 过滤 3，加入朗姆酒后再用打蛋器充分搅拌。

5 在另一个碗中加入生奶油，将碗放入盛有冰水的碗中，用电动搅拌器搅拌 6 分钟。

6 给 5 中加入少量 4，用打蛋器充分搅拌。

7 将 6 放入 5 的碗中，用橡胶刮刀搅拌至松软。

8 接下来的与 P13 的步骤 9 之后相同。

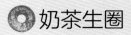 # 奶茶生圈

牛奶中加入细细烹煮的红茶会产生美妙的味道。
用你喜欢的红茶做出的甜甜圈也会与众不同。

食材（6枚）

【原味胚底】

A | 牛乳 ··················50ml
  | 水 ····················1大匙
袋泡茶（红茶）······2袋
B | 蛋黄 ··················1个
  | 绵砂糖··············15g
  | 蜂蜜··············半小匙
明胶粉 ···········1.5小匙
生奶油 ················70ml

【杰诺瓦斯胚底】
与P12用量相同。

制作方法

1 将A放入耐热碗中，用电磁炉加热至将近沸腾。

2 放入袋泡茶，裹上保鲜膜，放置8~10后再次用微波炉稍微加热。

3 将B放入碗中充分混合，加入2，用打蛋器充分搅拌。参考P12的步骤3加热。

4 将少量3加入浸泡后的明胶粉中，用打蛋器充分搅拌，融合。

5 将4放入3的碗中充分混合、过滤。

6 将生奶油放入另一个碗中，用电动搅拌器搅拌6分钟打发。

7 将少量6加入5中，用打蛋器充分搅拌。

8 将7放入6的碗中，用橡胶勺搅至松软。

9 接下来的与P13的步骤9之后相同。

⊙ 棕圈

加入磨碎的栗子酱，风味十足的甜甜圈便诞生了。
细细切碎的蜜饯栗子和陈皮是提升口感的秘诀。

🥄 食材（6枚）

【原味胚底】

蛋黄	1个
绵砂糖	20g
牛奶	60ml
明胶粉	1.5 小匙
栗子酱	30g
君度酒	1 小匙
生奶油	70ml
陈皮	1 块
蜜饯栗子	1 个

【杰诺瓦斯胚底】
与 P12 用量相同。

事先准备

把蜜饯栗子和陈皮切成5~6mm 大小。

制作方法

参照 P12~13 的步骤 1~15，把巧克力换成栗子酱来做（只是第 6 步可以不用准备 15 秒。在第 8 步时适时加入陈皮和蜜饯栗子，并用橡胶刮刀轻轻搅拌）。

白巧克力朗姆葡萄干生圈

温和甜味的白巧克力配入朗姆葡萄干后，不仅色调瞩目，而且更加浓郁温厚。

食材（6枚）

【原味胚底】	明胶粉 ············· 2 小匙
蛋黄 ·········· 1 个	白巧克力 ············· 45g
绵砂糖 ········· 8g	生奶油 ············· 65ml
牛奶 ········· 60ml	朗姆葡萄干 ····· 2 小匙

【杰诺瓦斯胚底】
与 P12 用量相同。

事先准备

将朗姆葡萄干切碎。

制作方法

1 参照 P12~13 中 1~15 的步骤，将巧克力换做白巧克力（第 6 步不加君度酒，第 8 步加朗姆葡萄干）。

朗姆葡萄干的做法

1 锅内加水烧至沸腾，加入 1 杯葡萄干。

2 用厨房用纸擦干水汽，放入干净的瓶子里。

3 用刀切开香草荚（¼ 根），把豆和豆荚分开。

4 把 3 加入 2 中，再倒入 150ml 的朗姆酒。置于阴凉清洁处可保存 1~2 年。

奶糖的制作方法

1 用刀切开香草荚（¼ 根），把豆和豆荚分开。

2 把 1 倒入小锅中，加入 50ml 生奶油，加热至沸腾。

3 与 2 同时进行：在另一个锅内加入一大匙水、一小匙柠檬汁、100g 绵砂糖，用中火加热至绵砂糖溶化。

4 绵砂糖溶化后开大火煮（请勿过度搅拌防止结块）。

5 待糖水变成红茶色后关火，慢慢倒入 2，用搅拌机搅拌（小心溅烫）。

6 倒入干净的瓶中（将香草荚一并放入瓶中），冷却后冷藏可保存一周。

奶糖生圈

使用纯手工奶糖制作口味醇厚的甜甜圈。做好的奶糖可以涂在面包或其他点心上食用。

食材（6枚）

【原味胚底】
蛋黄 ················ 1 个
牛奶 ············· 60ml
明胶粉 ····· 1.5 小匙
奶糖 ············ 35g
生奶油 ·········· 65ml

【杰诺瓦斯胚底】
与 P12 用量相同。

制作方法

参照 P12~13 的步骤 1~15，用奶糖代替巧克力来做甜甜圈。

 蓝莓芝士生圈

若隐若现的蓝莓果酱,不仅外观可爱,
也很美味。

食材（6枚）

【原味胚底】

蛋黄 ·············· 1 个	生奶油 ··········· 60ml
绵砂糖 ·········· 10g	柠檬果汁 ······ 2 小匙
牛奶 ············· 60ml	蓝莓果酱 ········· 35g
明胶粉 ······ 1.5 小匙	
芝士 ·············· 40g	【杰诺瓦斯胚底】

提前准备事项

使芝士在室温下软化。

【杰诺瓦斯胚底】
与 P12 的用量相同。

制作方法

1 参照 P12 的步骤 1~3,制作原味胚底。

2 把少量的 1 放入浸泡过的明胶粉里,充分搅拌
后倒回 1 中,用打蛋器完全搅拌,过滤。

3 把芝士放入其他碗中,用橡胶刮刀压平,使它
变得柔软、光滑。

4 往 3 中加入少量生奶油,用打蛋器搅拌,加入
柠檬汁后再次搅拌。

5 把 4 加入 2 中,用橡胶刮刀把它们轻轻地搅拌
在一起。加入蓝莓果酱后再次搅拌。

6 之后的做法和 P13 的步骤 9 以后相同。

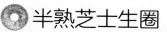 半熟芝士生圈

用淡淡的甜味和酸味搭配杰诺瓦斯的胚底，
和谐又美妙。

🥄 食材（6枚）

【原味胚底】

蛋黄	1个
绵砂糖	25g
牛奶	60ml
明胶粉	1.5 小匙
君度酒	半小匙
芝士	40g
生奶油	60ml
柠檬汁	1.5 小匙

【杰诺瓦斯胚底】
与 P12 用量相同。

事先准备
使芝士在室温下软化。

制作方法

1 参照 P12 的步骤 1~3 来做胚底。

2 将少量 1 放入浸泡好的明胶粉中搅拌至充分融合。

3 把 2 倒入 1 的容器中用搅拌器充分搅拌，过滤。加入君度酒。胚底过热的话可放入冰水中使其冷却。

4 另一只碗中放入芝士，用橡胶刮刀轻轻压平。

5 在 4 中慢慢加入少量生奶油，用搅拌器充分搅拌，加入柠檬汁后再次搅拌。

6 把少量 5 加入 3 中搅拌均匀。

7 把 6 倒回 5 中，用橡胶刮刀轻轻搅拌。

8 后续操作请参照 P13 的步骤 9 之后的做法。

 奶糖半熟芝士生圈

微苦的奶糖邂逅略带酸味的半熟芝士后，
甜美的味道让人无法抗拒。

🥄 食材（6枚）

【原味胚底】

蛋黄 ·····················1 个	朗姆酒 ···········半小匙
绵砂糖 ·················10g	芝士 ·····················10g
牛奶 ·····················60ml	生奶油 ···············60ml
奶糖（参照 P17）·····35g	柠檬果汁 ·······半小匙
明胶粉 ···········1.5 小匙	

【杰诺瓦斯胚底】
与 P12 的用量相同。

事先准备

使芝士在室温下软化。
提前将奶糖从冰箱里拿出
来，用微波炉加热成半流
质状。

制作方法

1 参照 P12 中的步骤 1~3，制作原味胚底（在步骤 1 中同时加入奶糖）。

2 往浸泡过的明胶粉里放入少许 1，用打蛋器完全搅拌，过滤。加入朗姆酒。如果胚底变热，迅速加入冰水使它冷却。

3 在另一个碗内放入芝士，用橡胶刮刀压平，使其变得柔软、光滑。

4 往 3 中加入少量生奶油，用打蛋器搅拌，加入柠檬汁后再次搅拌。

5 把 4 加入 2 中，用橡胶刮刀轻轻地把它们搅拌在一起。

6 之后的做法和 P13 的步骤 9 以后相同。

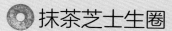 抹茶芝士生圈

在芝士里加入日式抹茶，清淡的甜味占据你的味蕾。
尽情享受东西结合的美妙吧！

食材（6枚）

【原味胚底】

蛋黄 ·················· 1个
绵砂糖 ················ 30g
牛奶 ················· 60ml
抹茶 ················· 2小匙
明胶粉 ············· 1.5小匙
樱桃白兰地 ······· 半小匙
芝士 ················· 40g
生奶油 ············· 60ml
柠檬果汁 ·········· 1小匙

【杰诺瓦斯胚底】

与P12用量相同。

事先准备

将芝士在室温下软化。

制作方法

1 参照P12的步骤1~3，制作原味胚底（在2中放入温热的牛奶，与抹茶搅拌）。

2 把少量的1放入浸泡过的明胶粉里，充分搅拌，使之融合。

3 将2倒回1中的碗内，用打蛋器充分搅拌，过滤，然后加入樱桃白兰地。胚底变热后迅速放入冰水中冷却。

4 把芝士放入其他碗中，用橡胶刮刀压平，让它变得柔软、光滑。

5 往4里加入少量的生奶油，用打蛋器搅拌。加入柠檬果汁，再次搅拌。

6 把少量的5加入3中搅拌，使之融合。

7 把6放回5中，用刮刀轻轻地搅拌在一起。

8 之后的做法与P13的步骤9之后的相同。

⊚ 茉莉生圈

可以享受到东方风味的茉莉花。
尝试用心仪的茉莉花茶制作甜甜圈。

食材 (6 枚)

【原味胚底】

A 牛奶 ······················ 60ml
水 ······························ 1 大匙
茶袋（茉莉花茶）······· 2 袋
蛋黄 ····························· 1 个
绵砂糖 ·························· 15g
明胶粉 ···················· 1.5 小匙
生奶油 ······················· 60ml

【杰诺瓦斯胚底】

与 P12 的用量相同。

制作方法

1 在耐热碗里面放入 A，用微波炉加热至沸腾。

2 从微波炉里拿出 A，放入茶袋，用保鲜膜密封好，再用微波炉微热 8~10 分钟。

3 将蛋黄和绵砂糖放入碗中混合搅拌，把 2 加入碗里，用打蛋器搅拌。用叉子把茶袋牢牢地按住，煮完之后再将它取出。

4 参照 P12 的步骤 3 用微波炉加热 3。

5 往明胶粉里加入少许 4，使它们融合，再用打蛋器将 4 完全搅拌，过滤。胚底变热后迅速放入冰水中冷却。

6 在别的碗里放入生奶油，用打蛋器打至 6 分发。

7 把一部分 6 加入 5 中，用打蛋器迅速搅拌，使它们融合。

8 把 7 倒回 6 中，用刮刀轻轻地把它们搅拌在一起。

9 之后的做法参考 P13 的步骤 9 以后的。

⊙ 茶圈

茶圈散发着沁人心脾的茶香。
生奶油使甜甜圈松软可口。

🥄 食材（6 枚）

【原味胚底】

A ｜ 牛奶 50ml
　 ｜ 水 ....1 大匙
袋泡茶 ....2 袋
蛋黄 ....1 个
蔗糖 18g
明胶粉 .....1.5 小匙
生奶油 70ml

【杰诺瓦斯胚底】
与 P12 用量相同。

制作方法

1 把 A 放入耐热碗内，用微波炉加热至沸腾。

2 从微波炉中取出后加入袋泡茶，并紧紧地覆上保鲜膜，8~10 分钟后再放入微波炉内稍稍加温，用叉子按压茶包使其煮出味道后马上取出。

3 在另一个碗中放入蛋黄并加绵砂糖搅拌均匀，再倒入 2 中并用搅拌器搅拌。

4 参照 P12 的步骤 3，用微波炉把 3 加热。

5 在泡好的明胶粉中加入少量的 4 融合，再全部倒入 4 中用搅拌器充分搅拌。胚料加热后马上放入冰水中冷却。

6 在另一个碗中加入生奶油，并用手动打蛋器打至 6 分发。

7 把部分 6 倒入 5 中，用搅拌器充分搅拌至融合。

8 把 7 倒回 6 中，用橡胶刮刀轻轻搅拌。

9 之后的做法和 P13 的步骤 9 之后的相同。

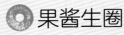 # 果酱生圈

草莓生圈

有着沁人心脾的新鲜果肉，
酸酸甜甜的果香味在口中蔓延。
尝试着用喜欢的水果制作一下吧。

食材 (6 枚)

	草莓果酱……90g	生奶油……65ml
A	绵砂糖………10 克	
	蜂蜜………1 小匙	【杰诺瓦斯胚底】
明胶粉……1.5 小匙		与 P12 用量相同。
君度酒………半小匙		

How to make

〔 制作果酱胚底 〕

1

在耐热碗内放入 A，轻轻裹上保鲜膜，用微波炉加热约 30 秒（加热至温热即可。注意不要加热到沸腾）。

2

把 1 中的少量材料放入浸泡过的明胶粉中。

3

将 2 过滤到 1 的碗内，用打蛋器混合搅拌。

4

加入君度酒后搅拌。

5

在另一个碗中放入生奶油，然后将碗放入盛有冰水的碗中冷却，启动打蛋机搅拌。

6

搅拌至 6 分发（提起打蛋器，胚底能缓慢滴落的程度）。

事先准备

明胶粉内加入 2 小匙水搅拌均匀。
裁成 20cm×30cm 大小的锡箔纸，
铺在烤盘上。
烤箱先预热到 180℃。

小贴士

明胶粉溶解后充分搅拌。
生奶油如果过度搅拌，口感会变差。
果酱和生奶油混合时，不可使用打蛋器，用橡胶刮刀轻轻搅动。
明胶粉由于厂家不同强度也会有所不同，注意用量。

待 4 的碗底变热后迅速用冷水冷却。

待 4 的碗底变温热后加入生奶油，用打蛋器迅速搅拌均匀。

将 6 中的材料加入 8 中，用橡胶刮刀轻轻搅拌。注意搅拌时不要起泡。

甜甜圈的模具材质柔软，为了便于操作，建议放到木板上进行。

用圆勺将胚料导入模具中，盖上保鲜膜，在冰箱里冷冻 2~3 小时。之后与 P13 的步骤 10 以后的做法相同。

※ P26~31 的烹饪方法，请参考这个制作步骤。

🔵 山莓生圈

可爱的粉红色经典款甜甜圈，
可以尽情享受山莓碎粒酸酸甜甜的口感。

🥄 食材（6 枚）

【果酱胚底】

山莓果酱	90g
绵砂糖	15g
柠檬果汁	半小匙
明胶粉	1.5 小匙
樱桃白兰地	半小匙

生奶油	65ml
山莓（新鲜的）	5~6 颗

【杰诺瓦斯胚底】
与 P12 用量相同。

制作方法

参照 P24~25 的步骤 1~11，把草莓酱换成山莓酱，制成山莓甜甜圈（步骤 4 将君度酒换成樱桃白兰地。用手轻轻揉开山莓后加入步骤 9，混合搅拌）。

🍩 樱桃生圈

用樱桃点缀的甜甜圈清新爽口

🥄 食材 (6 枚)

【果酱胚底 】

樱桃蜜饯·········· 95g
绵砂糖 ············· 18g
蜂蜜 ··········· 半小匙
明胶粉 ······1.5 小匙

樱桃白兰地······· 半小匙
生奶油 ··············· 70ml

【 杰诺瓦斯胚底 】
与 P12 用量相同。

制作方法

参照 P24~25 的步骤 1~11，把草莓果酱换成樱桃蜜饯来制作甜甜圈 (步骤 3 不用过滤，在步骤 4 中把君度酒换成樱桃白兰地)。

⊙ 芒果生圈

芒果爽口的后味，是制作热带甜品的首选。
芒果黄明艳的色彩似乎也备受欢迎呢。

🥄 食材 (6 枚)

【果酱胚底】

	芒果酱 ············· 90g
A	赤糖 ················18g
	酸橙果汁 ······半小匙
	朗姆酒 ··········半小匙
明胶粉 ···········1.5 小匙
生奶油 ················ 68g

【杰诺瓦斯胚底】
与 P12 用量相同。

制作方法

参照 P24~25 的步骤 1~11，把草
莓果酱换成芒果酱来制作甜甜圈
(将步骤 4 中的君度酒换成 A)。

 玫瑰生圈

清淡爽口的白桃与香气四溢的玫瑰酱相配，美妙绝伦。

食材 (6 枚)

【果酱胚底】

白桃酱 …………95g

玫瑰酱 …………40g

明胶粉 ……1.5 小匙

生奶油 …………50g

【杰诺瓦斯胚底】

与 P12 用量相同。

制作方法

参照 P24~25 的步骤 1~11，把草莓果酱换成白桃酱，将绵砂糖换做玫瑰酱来制作甜甜圈。

 奶油生圈

在中意的甜甜圈上，用奶油裱出自己喜欢的造型，
瞬间变为一款口味醇厚的甜品。

食材

甜甜圈 ....适量
※此处使用玫瑰生圈（P29）
打发奶油（P9）.........适量
薄荷叶 ....适量

制作方法

1 参照 P9 打发奶油。

2 将打发奶油导入裱花袋，进行装
裱（参照 P85）。根据喜好可用
薄荷叶点缀。

🍩 水晶生圈

用水滴状来装点甜甜圈成为一种流行。
不断变化的形状，常常带给人们意外的惊喜。

🥄 食材

甜甜圈 ·····················适量
※ 此处使用草莓生圈（P24）
白巧克力·····················适量

制作方法

1 在甜甜圈胚底成型前，先将熔化
后的片状白巧克力做成水滴形状。

2 待凝固后再放入胚底，在冰箱里
冷却成型。

小贴士

可根据喜好做成心形、星形、棋盘形、条纹形等。

口感细腻、松软、筋道

烘焙甜甜圈

之

烹饪方法

烘焙甜甜圈具有简单的外观，
醇厚的口感。
下面为大家介绍细腻、松软、
筋道的烘焙甜甜圈。

○ 简易烘焙甜甜圈

基本款

正统的烘焙甜甜圈是一款能够配搭多样食材的万能型甜点。加入微甜的蜂蜜和恰如其分的牛奶就做成了美味的甜甜圈。

🥄食材（12~14 枚）

低筋粉	160g
发酵粉	1 小匙
A 鸡蛋	1 个
蛋黄	1 个
绵砂糖	85g
蜂蜜	1 大匙 + 1 小匙
盐	少量
牛奶	70ml
无盐黄油	35g
菜籽油	1 大匙

事先准备

将烤箱预热到 200℃。

🍩How to make

〔准备工作〕

1　在模具内侧涂上一层薄薄的无盐黄油。

2　将低筋粉和发酵粉混合后过筛 3 次。

3　将无盐黄油与菜籽油放入小碗中加热熔化。

〔 制作胚底 〕

4　给碗内放入 A，用打蛋器搅拌。

5　搅拌至黏稠。

6　加入牛奶，用打蛋器搅拌。

7

加入 3，用打蛋器搅拌。

8

分 3 次加入筛过的面粉。

9

前两次加面粉类后，用打蛋器在中心位置垂直搅拌。

〔 烘焙胚底 〕

10

待胚底料成为糊状后沿外侧搅拌，第 3 次加入面粉后充分混合。

11

将胚底料倒进装有直径 1.5cm 裱花嘴的裱花袋内。

12

给模具内挤入 5~6 成胚底料。封上保鲜膜，放入冰箱冷藏室搁置 30 分钟。

13

从冰箱里拿出模具，用喷雾器给表层喷少量水（防止表层干燥）。

14

在 200℃的烤箱里烤 12~14 分钟。上色后，用竹签轻扎表皮，若扎不进去就可以了（如果欠火候的话，可以再多烤几分钟）。放置 1 分钟后用竹签取出。

15

如果甜甜圈中心的空不够圆，可以用裱花嘴（直径约 2cm）刻出圆形。

※P36~51 的烘焙方法请参考此步骤。

 红茶甜甜圈

飘溢着淡淡的茶香是这款甜甜圈的经典之处。
在胚底中加入茶叶，不仅拥有茶叶的微香，
更给人一种高贵典雅的感觉。

食材（12~14 枚）

低筋粉 ·····················160g
发酵粉 ·················1 小匙
鸡蛋 ···························· 1 个
蛋黄 ···························· 1 个
绵砂糖 ····················· 80g
蜂蜜 ·······1 大匙 + 1 小匙
牛奶 ··························75ml
无盐黄油·················· 35g
菜籽油 ·················1 大匙
红茶茶叶············2 小匙

制作方法

请参照 P34~35 的步骤 1~15 制
作胚底（在步骤 10 中加入茶叶）。

花生酱甜甜圈

用花生酱代替黄油,散发出浓郁的香味。
沙沙的口感也带给人们与众不同的感觉。

食材（10~12枚）

低筋粉	160g
发酵粉	1小匙
鸡蛋	1个
蛋黄	1个
赤糖	80g
蜂蜜	1大匙 + 1小匙
牛奶	70ml
花生酱	40g
菜籽油	1大匙
葡萄干	半杯
核桃	3大匙
糖粉	适量

事先准备

· 用热水洗净葡萄干后沥干。用厨房用纸擦干水汽后,切碎。

· 核桃切碎。

制作方法

1 参照 P34~35 的步骤 1~15,将黄油换成花生酱（在步骤10 中加入葡萄干和核桃粒）。

2 烤好后根据个人喜好可撒上糖粉。

芝士甜甜圈

芝士中加入新鲜的蓝莓酱摇身变为紫色的糖衣。
无论是自己品尝还是当作礼物都是不错的选择。

食材（10~12枚）

低筋粉		160g
发酵粉		1小匙
绵砂糖		70g
芝士		80g
A	鸡蛋	1个
	蛋黄	1个
	盐	少量
B	蓝莓酱	60g
	柠檬汁	2小匙
	蜂蜜	1大匙
牛奶		20ml
无盐黄油		35g
菜籽油		1大匙
糖衣…（参照 P85。可加入紫色食用色素）适量		

事先准备

使芝士在室温下软化。

制作方法

1 在碗中放入芝士,用橡胶刮刀压平。

2 给1中加入绵砂糖,搅拌均匀。

3 将混合后的 A 加入 2 中,用手动打蛋器搅拌后,再加入 B。

4 给3中加入牛奶后用电动打蛋器搅拌。后续的步骤请参考 P35 的步骤 7~15。根据个人喜好,可以裹上糖衣。

巧克力甜甜圈

椰子粉的味道是这款甜甜圈的独特之处！
由于可可粉容易结块，所以和面粉类混合。
烤好后的甜甜圈裹上巧克力糖衣的味道也极为美妙。

食材（10~12 枚）

低筋粉 ·······················110g
发酵粉 ·······················1 小匙
可可粉（无糖）···········40g
鸡蛋 ···························1 个
蛋黄 ···························1 个
绵砂糖 ·······················90g
蜂蜜 ············1 大匙 + 1 小匙
盐 ·····························少量
牛奶 ···························75ml
无盐黄油 ····················35g
菜籽油 ·······················1 大匙
椰子粉 ·······················35g
巧克力糖衣（甜）········适量

事先准备

可可粉要和低筋粉、发酵粉一起混合。

制作方法

1. 请参照 P34~35 的步骤 1~15 来制作甜甜圈（在进行步骤 10 时加入椰子粉，并充分搅拌）。

2. 可根据喜好在甜甜圈上加上熔化的巧克力。

奶糖甜甜圈

陶醉于浓郁的香草味中。
在温和的甜甜圈上裹上满满的奶糖，甜而不腻。

食材（10~12枚）

低筋粉 ····················160g
发酵粉 ····················1 小匙
鸡蛋 ·······················1 个
蛋黄 ·······················1 个
绵砂糖 ······················50g
奶糖（参照 P17）····· 65g
蜂蜜 ·······················2 小匙
盐 ·························· 少量
牛奶 ·······················40ml
无盐黄油 ··················· 35g
菜籽油 ·····················1 大匙
明胶粉 ····················· 适量

事先准备

请参照 P17 制作奶糖。

制作方法

1 请参照 P34~35 的步骤 1~15 来制作甜甜圈（在步骤 5 制作胚底时混入奶糖）。

2 可根据喜好加入奶糖。

小贴士

· 在胚底涂上黄油，再浇上奶糖之后进行烘焙，也十分美味。

抹茶甜甜圈

抹茶甜甜圈风味十足。
深绿的美丽色泽是其生动的外观，
再裹上抹茶糖衣使色彩更加绝妙。

食材（12~14 枚）

【胚底】		无盐黄油	35g
低筋粉	160g	菜籽油	1 大匙
发酵粉	1 小匙		
鸡蛋	1 个	【抹茶糖衣】	
蛋黄	1 个	抹茶	1 小匙
赤糖	90g	赤糖	3 大匙
麦芽糖	1 大匙 +1 小匙	糖粉	3 大匙
抹茶	3 小匙	蛋清	2 小匙
牛奶	80ml	牛奶	2 小匙

事先准备

将抹茶与牛奶混合。

制作方法

1 请参照 P34~35 的步骤 1~15 来制作甜甜圈（在步骤 6 时加入混有抹茶的牛奶，并搅拌）。

2 在另一个碗中放入抹茶糖衣的所有材料，用勺子搅拌 3~5 分钟，直至表面光亮。

3 在烤好冷却的甜甜圈外裹上抹茶糖衣。

食材（10~12 枚）

【胚底】		绢豆腐	80g
低筋粉	90g	牛奶	30ml
发酵粉	1 小匙	无盐黄油	35g
黄豆粉	60g	菜籽油	1 大匙
鸡蛋	1 个		
蛋黄	1 个	【黄豆粉砂糖】	
绵砂糖	90g	黄豆粉	1 大匙
麦芽糖	1 大匙	糖粉	2 大匙
盐	少量		

事先准备

将黄豆粉与低筋粉、发酵粉混合制成胚料。
要用厨房纸巾将豆腐中的水吸干。

制作方法

1 请参照 P34~35 的步骤 1~15 来制作甜甜圈（在步骤 5 制作面团时，将豆腐搅碎后与其混合）。

2 甜甜圈烤好后，撒上黄豆粉砂糖。

黄豆粉甜甜圈

大豆的香味四溢，吃一口就会爱上它。
在烤好的甜甜圈上撒上黄豆粉，
更加沁人心脾。

小贴士

· 撒上加入红糖汁的黄豆粉也很好吃哦。

 黑芝麻
甜甜圈

散发着浓郁芝麻香的甜甜圈，
微甜、淡雅，百吃不厌。

食材（9~10 枚）

低筋粉	160g
发酵粉	1 小匙
鸡蛋	1 个
蛋黄	1 个
绵砂糖	65g
麦芽糖	1 大匙 +1 小匙
盐	少量
牛奶	50ml
芝麻酱（黑）	40g
菜籽油	1 大匙
豆馅	50g

制作方法

请参照 P34~35 的步骤 1~15，制作甜甜圈时将黄油换为芝麻酱（在进行步骤 10 时加上豆馅，充分混合）。

小贴士

· 也可以把黑芝麻酱换为白芝麻酱来制作。用白芝麻酱来做会有更清爽的味道。

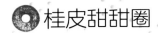 桂皮甜甜圈

微甜的香料勾起人们的食欲。
再加上桂皮粉味道更胜一筹。

食材（10~12 枚）

【胚底】

低筋粉	160g
发酵粉	1 小匙
桂皮粉	1 小匙
鸡蛋	1 个
蛋黄	1 个
蔗糖	80g
蜂蜜	1 大匙 + 1 小匙
盐	少量
牛奶	75ml
无盐黄油	35g
菜籽油	1 大匙

【桂皮糖粉】

绵砂糖	半杯
桂皮粉	2 小匙

事先准备

· 胚底中将桂皮糖粉与低筋粉、
  发酵粉混合。

制作方法

1 参照 P34~35 的步骤 1~15 制
  作甜甜圈。

2 将桂皮粉的材料完全混合。

3 烤好甜甜圈后撒上桂皮糖粉。

栗子甜甜圈

秋季必吃的美食。
松软的甜甜圈配上入口即化的栗子成为一绝。

🥄食材（10~12 枚）

【胚底】

低筋粉	150g
发酵粉	1 小匙
鸡蛋	1 个
蛋黄	1 个
绵砂糖	80g
蜂蜜	1 大匙 + 1 小匙
香草油	4~5 滴
盐	少量
栗子酱	120g
牛奶	40ml
无盐黄油	35g
菜籽油	15g
栗子	3 大颗

事先准备

· 将栗子切成 5~6mm 大小的颗粒。

制作方法

1 参照 P34~35 的步骤 1~15 制作甜甜圈（步骤 5 中加入栗子酱。步骤 10 中混入栗子粒）。

小贴士

· 给栗子酱裹上保鲜膜，用手使其变柔软更方便使用。

· 将栗子颗粒直接混入胚底也可以。

🍩 果脯甜甜圈

酸酸的果肉与甜甜的胚底完美结合。
甜点与奶油的结合，搭配精美的拼盘，令人心旷神怡。

🥄 食材（10~12 枚）

【胚底】
低筋粉 ····················· 140g
杏仁粉 ······················· 20g
发酵粉 ······················ 1 小匙
鸡蛋 ·························· 1 个
蛋黄 ·························· 1 个
绵砂糖 ······················· 85g
蜂蜜 ··············· 1 大匙 + 1 小匙
香草精油 ·················· 4~5 滴
牛奶 ·························· 70ml
无盐黄油 ···················· 35g
菜籽油 ······················ 15g

【腌制果脯】
冷冻混合果脯 ·············· 70g
绵砂糖 ······················· 10g
蜂蜜 ························ 1 小匙
柠檬汁 ······················ 1 小匙
香草荚 ······················ 1/5 根

【配料】
个人喜好的水果、打发奶油
（参照 P9）··············· 适量

制作方法

1　将果脯的所有材料放置在碗中 30 分
　　钟。

2　30 分钟后将香草荚的豆荚和豆分开，
　　加到 1 中，再放置 30 分钟。

3　参照 P34~35 的步骤 1~15，制作胚底
　　（在步骤 4 中加入香草精油。在步骤
　　10 中加入腌制果脯，完全混合）。

4　在甜品杯中放入甜甜圈，上面用自己
　　喜欢的水果和奶油来点缀。

小贴士

· 剩下的腌制果脯放入红葡萄酒或白葡萄酒中，
　别有一番风味。

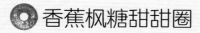 **香蕉枫糖甜甜圈**

甜美的枫糖与香蕉形成完美的组合。
淡雅的口味被大众所喜爱,再用水果与奶油点缀更加美妙绝伦。

食材（10~12 枚）

【胚底】

低筋粉	140g
发酵粉	1 小匙
鸡蛋	1 个
蛋黄	1 个
枫糖	70g
蜂蜜	1 大匙 + 1 小匙
柠檬汁	1 小匙
牛奶	40ml
无盐黄油	35g
菜籽油	1 大匙

【香蕉酱】

无盐黄油	10g
枫糖	2 大匙
盐	少量
香蕉	1 大根（约 120g）

【配料】

个人喜好的水果、打发奶
油（参照 P9）……… 适量

事先准备

· 将香蕉切成片。

制作方法

1 制作香蕉酱。将平底锅加热后倒入黄
油、枫糖和盐。

2 黄油和枫糖熔化后放入香蕉翻炒。待
香蕉变软成奶糖状后,关火,用勺子
将其搅拌成糊状。

3 参照 P34~35 的步骤 1~15,将绵砂糖
换成枫糖,制作胚底（在步骤 4 中加
入柠檬汁,在步骤 5 中加入 2）。

4 在甜甜圈上面用自己喜欢的水果和奶
油来点缀。

小贴士

· 将枫糖与鸡蛋充分混合。

· 使用熟透的香蕉味道更佳。

· 用口味独特的朗姆酒（1 小匙左右）代替柠檬
汁也可以。

山莓甜甜圈

这款甜甜圈的独特之处是在胚底中放入了山莓，
而且浓郁的糖衣上用鲜红的山莓来点缀更为绚丽。

食材（10~12 枚）

【胚底】

低筋粉 ················140g	牛奶 ···················75ml
杏仁粉 ·················20g	无盐黄油··············35g
发酵粉 ··············1 小匙	菜籽油················1 大匙
鸡蛋 ···················1 个	冷冻山莓干·········3 大匙
蛋黄 ···················1 个	糖粉···················适量
绵砂糖 ·················80g	山莓糖衣
蜂蜜 ······1 大匙 + 1 小匙	（参照 P85）········适量
香草精油·········4~5 滴	
柠檬汁·············1 小匙	

制作方法

1. 参照 P34~35 的步骤 1~15，制作胚底（在步骤 5 中加入柠檬汁。在步骤 10 中混入山莓干）。

2. 根据个人喜好，可在烤好的甜甜圈上裹上糖衣，再用山莓来装饰。

小贴士

· 也可用白巧克力来代替糖衣。

櫻桃巧克力甜甜圈

巧克力胚底的甜甜圈中混入樱桃，口感醇厚。
在烤好的甜甜圈上淋上巧克力糖衣，更显浓郁。

食材（10~12枚）

【胚底】

低筋粉 ················· 110g	香草精油 ·········· 4~5 滴
发酵粉 ················ 1 小匙	盐 ····················· 少量
可可粉（无糖） ······ 40g	牛奶 ················· 75ml
鸡蛋 ·················· 1 个	无盐黄油 ·········· 35g
蛋黄 ·················· 1 个	菜籽油 ·········· 1 大匙
绵砂糖 ················ 95g	樱桃 ············ 8~12 颗
蜂蜜 ····· 1 大匙 + 1 小匙	巧克力糖衣 ········ 适量

小贴士

·用朗姆酒腌制过的葡萄干代替樱桃，口感也不错。

事先准备

·将洗好的樱桃擦干，切碎。
·将可可粉与低筋粉、发酵粉混合。

制作方法

1 参照 P34~35 的步骤 1~15，制作胚底（在步骤 10 中混入樱桃）。

2 根据个人喜好可在烤好的甜甜圈上裹上巧克力糖衣。

 # 番茄罗勒甜甜圈

在番茄酱中混入罗勒，散发着淡淡的馨香。
配搭着红酒和芝士，美妙至极。

食材（8~10 枚）

【胚底】

低筋粉	160g
发酵粉	1 小匙
鸡蛋	2 个

A		
	盐	3g
	黑胡椒	1g
	干罗勒	1 小匙
	辣椒粉	1g
	柠檬汁	1.5 匙
	番茄酱	1 大匙
	番茄汁	70ml

无盐黄油	35g
橄榄油	1 大匙

制作方法

参照 P34~35 的步骤 1~15，制作胚底（在步骤 4 中，将两个鸡蛋与 A 混合。加入鸡蛋可使胚底更加黏稠。不用加牛奶）。

小贴士

· 咸味的甜甜圈也很美味。冷却后可用微波炉或烤箱加热后食用。

⊙ 大豆甜甜圈

您是否也对豆制品无法抗拒！特此推出大豆甜甜圈！
在胚底中混入大豆颗粒，连空气中都弥漫着淡淡的豆香。

食材（10~12 枚）

【胚底】

低筋粉	160g
发酵粉	1 小匙
鸡蛋	2 个
绵砂糖	1 小匙
A 盐	3g
A 黑胡椒	1g
A 牛奶	40ml
水	30ml

无盐黄油	35g
橄榄油	1 大匙
混合大豆（水煮鹰嘴豆、绿豆、四季豆）	50g
芝士	35g

事先准备

· 将混合大豆切碎，将芝士切成 1cm 的块状。

制作方法

参照 P34~35 的步骤 1~15，制作胚底（在步骤 4 中，将两个鸡蛋与 A 混合。加入鸡蛋可使胚底更加黏稠。在步骤 6 中，用水取代牛奶。在步骤 10 中加入混合大豆颗粒进行搅拌，在步骤 12 中加入芝士块）。

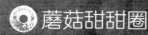

蘑菇甜甜圈

这款甜甜圈巧妙使用了凤尾鱼和大蒜的味道，
作为小吃也毫无违和感。

食材（10~12 枚）

【胚底】

低筋粉	160g	无盐黄油	35g
发酵粉	1 小匙	橄榄油	1 大匙
鸡蛋	2 个		
	盐	3g	**【煎蘑菇】**
	黑胡椒	1g	大蒜	1 瓣
A	蜂蜜	2 小匙	凤尾鱼酱	1.5 匙
	牛奶	40ml	有机蘑菇	100g
	水	30ml	芹菜	适量

事先准备

将大蒜、蘑菇、芹菜切碎。

制作方法

1 先煎蘑菇。在平底锅内将橄榄油烧热，倒入大蒜、凤尾鱼酱。

2 加入蘑菇碎，翻炒。出锅前加入芹菜碎。

3 参照 P34~35 的步骤 1~15，制作胚底（在步骤 4 中，将两个鸡蛋与 A 混合。加入鸡蛋可使胚底更加黏稠。在步骤 10 中加上煎好的蘑菇，完全混入）。

小贴士

· 使用其他菌类代替蘑菇也可以。用大火翻炒蘑菇。

· 不要用水清洗蘑菇，用湿的厨房用纸擦拭即可。

金枪鱼坚果甜甜圈

金枪鱼与蛋黄酱的完美组合，
同时还能享有坚果的味道。

食材（10~12 枚）

【胚底】

低筋粉	150g	牛奶	40ml
发酵粉	1 小匙	水	30ml
鸡蛋	2 个	无盐黄油	35g
绵砂糖	2 小匙	橄榄油	1 大匙
	盐	3g	松子	15g
	胡椒	1g		
A	金枪鱼罐头	60g（原味）		
	蛋黄酱	2 小匙		
	柠檬汁	2 小匙		
	芹菜	适量		

制作方法

1 将 A 中的材料充分混合。

2 参照 P34~35 的步骤 1~15，制作胚底（在步骤 4 中将两个鸡蛋与 A 混合。加入鸡蛋可使胚底更加黏稠。在步骤 6 中加入水和牛奶。在步骤 10 中加入松子，完全混合）。

 # 松软的烘焙甜甜圈

基本款

蓬松的甜甜圈加入不同的食材可当作小吃，
烘焙成功的秘诀是不可过度搅拌胚底。

食材（10~12 枚）

【胚底】

低筋粉 ·····························110g

准高筋粉 ···························60g

发酵粉 ·····························1 小匙

A ┌ 蛋清 ············约 1 个（30g）
  │ 绵砂糖 ··················80g
  └ 盐 ························少量

牛奶 ·······························2 大匙

菜籽油 ····························2 小匙

发酵黄油 ························40g

事先准备

· 将发酵黄油在室温下熔化。
· 将烤箱预热到 180℃。

小贴士

· 注意勿将加入发酵粉的胚底放置超过 30 分钟。

· 若橡胶刮刀不能将黄油与胚底充分搅拌，请使用木质刮刀。

· 若未将黄油熔化为奶油状需要重新熔化。

· 若没有裱花嘴，可在裱花袋口切 1.5cm 的小孔代替。

· 烤好的甜甜圈上撒上肉桂粉或裹上糖衣，都很美味。

How to make

〔 准备工作 〕

〔 制作胚底 〕

1

将混合好的低筋粉、准高筋粉和发酵粉过筛两次。

2

在碗中放入 A，用电动打发器搅拌。

3

加入牛奶，用电动打发器搅拌。

加入菜籽油充分混合。

分3次加入面粉。

前两次加入面粉后，用手动打蛋器垂直方向沿中心搅拌，使面粉充分混合。待胚底料呈糊状时，沿外侧搅拌。

第3次加入面粉后，使用橡胶刮刀搅拌(注意不要过度搅拌)。

加入熔化后的发酵黄油，与胚底料完全混合。

将胚底料操作一个面团。

〔 烘焙胚底 〕

将胚底料倒进装有直径1.5cm裱花嘴的裱花袋内，给模具内挤入5~6成胚底。封上保鲜膜在冰箱里放置30分钟。

在预热180℃的烤箱内烤12分钟左右。上色后，用竹签轻扎表面，竹签若扎不进去就可以了(如果欠火候，可以再多烤几分钟)。成型后的甜甜圈放置在铁网上冷却。

※P54~65的烘焙方法请参考此流程。

蜂蜜坚果甜甜圈

能够品尝到杏仁片是本款甜甜圈的特色，
若隐若现的蜂蜜香更加提升了口感。

🥄 食材（8~9枚）

【胚底】

低筋粉	110g
准高筋粉	60g
发酵粉	1小匙
蛋清	30g
绵砂糖	70g
蜂蜜	2小匙
盐	少量
牛奶	2大匙
菜籽油	2小匙
发酵黄油	40g
杏仁片	15g
干杏仁	3颗
糖粉	适量

事先准备

将杏仁片切碎。

制作方法

1 参照 P52~53 的步骤 1~11 制作胚底（在步骤 2 中加入蜂蜜和绵砂糖。在步骤 9 中混入杏仁片和干杏仁）。

2 烤好后，可根据个人喜好撒上糖粉。

小贴士

· 使用橙子果肉或柠檬果肉代替杏仁也是不错的选择。

 杏仁糖甜甜圈

空气中弥漫着杏仁的微香，
从杏仁糖到甜甜圈皆为纯手工制作。

食材（8~9枚）
【胚底】
低筋粉 ··········110g
准高筋粉 ········60g
发酵粉 ······1小匙
蛋清 ···········30g
绵砂糖 ··········50g
盐 ···············少量
牛奶 ·········2大匙
菜籽油 ·······2小匙
发酵黄油 ·······40g
杏仁糖 ··········40g

【杏仁糖的制作方法】
1 在加热的平底锅中加入水（2
  小匙）和绵砂糖（45g），搅
  拌为糖水。加入杏仁（30g）
  和榛子（45g）。

2 不断搅拌到杏仁与榛子上色为
  止，关火，倒在锡纸上（谨防
  烫伤）。待冷却后用手分开。

3 给密封罐里放入2与干燥剂，
  可保存3周。

事先准备
将榛子切碎。

制作方法
参照P52~53的步骤1~11
制作胚底（在步骤9中混
入杏仁）。

小贴士
· 坚果可选择自己喜欢的类型。
· 坚果可作为辅料，也可当作装饰。

红茶无花果甜甜圈

雅致的红茶胚底与无花果相结合，
独有一番风味。

食材（6枚）

【胚底】

低筋粉 ·········· 110g
准高筋粉 ········· 60g
发酵粉 ········· 1 小匙
蛋清 ············ 30g
绵砂糖 ··········· 60g
牛奶 ··········· 2 大匙
菜籽油 ········· 2 小匙
发酵黄油 ········· 40g
干无花果 ········· 1 个
陈皮 ············ 适量
红茶茶叶 ······· 1 小匙

事先准备

· 将干无花果切碎。

制作方法

参照 P52~53 的步骤 1~11
制作胚底（在步骤 9 中混
入干无花果、陈皮和茶叶）。

小贴士

· 加入干无花果或干果的胚底不
容易挤出。建议去掉裱花嘴。

食材（8~9枚）

【胚底】

低筋粉	110g
准高筋粉	60g
发酵粉	1小匙
蛋清	30g
绵砂糖	60g
蜂蜜	2小匙
柠檬汁	1小匙
君度酒	1小匙
酸芝士（无糖）	90g
菜籽油	2小匙
发酵黄油	40g
干蔓越莓	30g
五谷杂粮（瓜子、芝麻等）	1大匙

事先准备

· 将芝士放置在厨房用纸上，裹上保鲜膜，在冰箱中放置一晚除水（沥干水分后约40g）。

· 将干蔓越莓过热水后，用厨房用纸擦干，切碎。

制作方法

1 参照 P52~53 的步骤 1~11 制作胚底（在步骤 2 中将蛋清、绵砂糖与蜂蜜混合后加入柠檬汁和君度酒。在步骤 3 中用芝士代替牛奶。在步骤 9 中将干蔓越莓与谷类混合）。

小贴士

· 可用燕麦片代替谷类。

· 也可尝试用酸奶代替芝士。

芝士蔓越莓甜甜圈

蔓越莓别具一格的口感令人无法抗拒。
加上芝士后的甜甜圈口味更为美妙。

泡姜纳豆甜甜圈

这是一款日风鲜明的甜甜圈,
加入泡姜后口味更胜一筹。

食材（8~9枚）

【胚底】

低筋粉	110g
准高筋粉	60g
发酵粉	1小匙
蛋清	30g
蔗糖	60g
盐	少量
泡姜（参照P71）	2小匙
牛奶	35ml
菜籽油	2小匙
发酵黄油	40g
纳豆	40g

事先准备

· 将纳豆切成7~8mm的颗粒。

制作方法

参照P52~53的步骤1~11制作胚底（在步骤2后,加入泡姜。在步骤9中加入纳豆）。

果酱甜甜圈

手工制作的苹果酱味苦中弥漫着香甜。
加入胚底后，成就口味独特的果酱甜甜圈。

食材（8~9枚）

【胚底】

低筋粉	110g
准高筋粉	60g
发酵粉	1小匙
蛋清	30g
蔗糖	55g
盐	少量
牛奶	2大匙
菜籽油	2小匙
发酵黄油	40g
果酱	40g

烹饪方法

参照 P52~53 的步骤 1~11 制作胚底（在步骤 10 中，给模具内用勺子放入果酱，在果酱上挤入胚底）。

【果酱的制作方法】

材料

苹果（去皮去芯，切成 7~8mm 的颗粒）	半个（约100g）
无盐黄油	10g
绵砂糖	20g
蜂蜜	1小匙
香草荚（用刀将豆与豆荚分开）	1/4 根
柠檬汁	0.5 小匙
核桃	10g

小贴士

· 苹果选择略带酸味的品种。

制作方法

1 在加热的平底锅内放入黄油、绵砂糖、蜂蜜和香草荚。

2 待黄油熔化后加入苹果翻炒。

3 待苹果变软后用绵砂糖上色。再加入柠檬汁和核桃，将其煮成茶色即可。

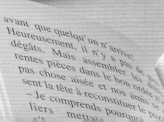

avant que quelqu'un n'arrive!
Heureusement, il n'y a pas de
dégâts. Mais assembler les diffé-
rentes pièces dans le bon ordre n'est
pas chose aisée et nos amis se re-
sent la tête à reconstituer le puzzle.
— Je comprends pourquoi ces
liers mettaient

橄榄甜甜圈

橄榄加上培根，简直就是熟食面包的必备。
橄榄的咸味挑动你的味蕾，是饥饿时应急的最佳便餐。

食材（8~10 枚）

【胚底】

低筋粉 ·············· 110g
准高筋粉 ··········· 60g
发酵粉 ············ 1 小匙

A
鸡蛋 ············· 1 个
绵砂糖 ········· 1 小匙
盐 ·············· 3g
黑胡椒 ·········· 1g
辣椒面 ·········· 1g
陈皮 ·········· 适量

牛奶 ·············· 20ml
橄榄油 ············ 20ml
发酵黄油 ·········· 40g
去籽黑橄榄 ······· 20g
培根 ·············· 35g

事先准确

· 将橄榄切成细丝。
· 将培根切成 1~2cm 宽的丁，
用平底锅煎至皮脆。

制作方法

参照 P52~53 的步骤 1~11 制作
方法（在步骤 2 中加入 A，在步
骤 9 中加入黑橄榄和培根）。

小贴士

· 加入番茄干味道也不错。

· 如果不是立即食用，可以包起来冷冻
保存。食用时常温解冻，然后用烤箱
或平底锅小火加热。

🍩 肉肉甜甜圈

常用食材，方便上手。

带有咖喱辣味的肉味甜甜圈，绝对满足你的味蕾。

🥄 食材（8~10 枚）

【胚底】

低筋粉 ·············· 110g

准高筋粉 ··········60g

发酵粉 ···········1 小匙

A |
鸡蛋 ··············1 个
盐 ···············3g
黑胡椒 ···········1g
百里香叶 ······· 2 枝
柠檬皮 ·········适量

橄榄油 ················· 20ml

牛奶 ·················· 20ml

发酵黄油 ················40g

B |
咸味牛肉罐头 ····· 70g
咖喱粉 ············3g
黑胡椒 ············1g
盐 ················少量
胡椒 ················少量

制作方法

1 将 A、B 分开拌好。

2 参照 P52~53 的步骤 1~11 制作方法（在步骤 2 中加入 A，在步骤 9 中加入 B）。

 三文鱼甜甜圈

三文鱼的咸味配上马铃薯绵绵的口感真是美味无比。
蜂蜜淡淡的甜味与三文鱼的咸味恰到好处地交相辉映。

食材（8~10枚）

【胚底】

低筋粉 ·················110g
准高筋粉 ··············60g
发酵粉 ··············1小匙

A
┌ 鸡蛋 ··················1个
│ 盐 ·······················3g
│ 蜂蜜 ··············半小匙
│ 白胡椒 ··················1g
└ 小茴香叶 ········2~3枝

牛奶 ··················20ml

橄榄油 ·················20ml
发酵黄油 ···············40g
鲜迷迭香 ··············半小枝
马铃薯 ······2个（约130g）
盐 ·····················少量
胡椒 ·····················少量
熏三文鱼 ···············30g
橄榄油 ·····················适量

事先准备

· 将马铃薯切成大约1cm宽的丁，
  三文鱼切成2cm宽的丁。

制作方法

1 将橄榄油倒入平底锅烧热，放
  入迷迭香，将马铃薯、盐和胡
  椒一起翻炒。

2 拌好A。

3 参照P52~53的步骤1~11制
  作方法（在步骤2中加入A，
  在步骤9中加入1和三文鱼）。

南瓜甜甜圈

南瓜与调料的味道绝佳相合。
一般以日常料理剩下的南瓜为食材，
其实用甜味厚重的板栗南瓜更佳。

食材（10~12枚）

【胚底】

低筋粉	110g
准高筋粉	60g
发酵粉	1小匙
冷冻南瓜（去皮、去籽）	100g
A 黄油	5g
赤糖	2小匙
鸡蛋	1个
盐	3g
蜂蜜	1大匙
白胡椒	1g
柠檬	适量
肉豆蔻粉	1g
肉桂粉	1g
牛奶	20ml
橄榄油	20ml
发酵黄油	40g
南瓜汤	适量

事先准备

·南瓜解冻，切成1.5cm宽的丁。

制作方法

1 将A放入耐热碗里，封起来放在微波炉里加热约2分钟，取出后拌好。

2 参照P52~53的步骤1~11制作方法（在步骤9中加入1）。

3 根据个人喜好，可以配上南瓜粥一起享用。

小贴士

· 为您推荐"甜栗南瓜"等类甜味十足的品种。

· 选用生南瓜时，用微波炉加热到用竹签能快速戳透的程度。

 芝士甜甜圈

搭配红酒的一款甜点。

这款用帕尔玛芝士做成的甜甜圈，若代之以切达芝士、

格鲁耶尔芝士等也会很美味。

食材（8~10 枚）

【胚底】

低筋粉 …………… 110g

准高筋粉 ………… 60g

发酵粉 ………… 1 小匙

A
鸡蛋 ………… 1 个
绵砂糖 ………… 1 小匙
盐 ………… 3g
黑胡椒 …………1g
蜂蜜 ………… 1 小匙
香菜 ………… 5~6 根

牛奶 …………… 20ml

橄榄油 ………… 20ml

发酵黄油 ………… 40g

帕尔玛芝士 ……… 40g

事先准备

· 将香菜切成碎丁。

制作方法

参照 P52~53 的步骤 1~11 甜甜圈制作方法（在步骤1中加入A，在步骤 9 加入帕尔玛芝士）。

筋道的烘培甜甜圈

基本款

这款有着白霜般的表层、口感温软的甜甜圈,
其秘诀在于使用了糯米粉和木薯粉作为食材。
不仅可以做成巧克力等经典口味,也可以做成口感温和的日本味道。

🥄 食材(8~9枚)

准高筋粉	45g
发酵粉	1 小匙
糯米粉	60g
木薯粉	35g
牛奶	50ml

	牛奶	100ml
A	赤糖	55g
	盐	少量

	糖浆	1 大匙
B	鸡蛋	1 个
	菜籽油	2 小匙

事先准备

· 提前将烤箱预热到 200℃。

小贴士

· 木薯粉和 50ml 牛奶混合以后马上搅拌,不然会凝固。

· 做好后如果不立即食用,可以等冷却后封好保存。变硬后的甜甜圈
用微波炉加热 10~15 分钟后便会有松松软软的口感。

· 从模具里取出来的时候,如果出现轻微的变形,只需轻轻按一下便
可恢复原形。

🍩How to make

〔 制作方法 〕

〔 制作胚底 〕

1

另备菜籽油,用刷子在模具
内部薄薄涂一层。

2

将准高筋粉与发酵粉混合在
一起筛。糯米粉单独筛。

3

将木薯粉和牛奶一起倒入小
碗,然后充分混合。

开中火，将 A 倒入锅里，边溶化赤糖边加热至沸腾，然后放入 3 用打蛋器拌匀。

分两次加入糯米粉，用打蛋器垂直搅拌均匀。

达到最佳均匀度后将容器内侧的面粉一起混合搅拌。

将 B 放入另外一个碗里，用打蛋器搅拌。

将 6 和 7 混合搅拌。

分两次加入准高筋粉和发酵粉，用打蛋器拌匀。

〔烤制胚底〕

以上混合物拌成糊状后用保鲜膜封好容器，常温放置约 20 分钟。

分成 6~7 份，舀至模具。

200℃的烤箱烤 15~18 分钟。表面有弹性时表示已烤好。从烤箱取出后放置约 30 秒，用竹签将烤好的甜甜圈从模具中轻轻取出。

★P68~75 可以参考此步骤制作。

67

 奶糖甜甜圈

奶糖的香甜味与甜甜圈软软的口感很配哦！
微波炉稍稍加热，便可品尝到刚出炉时那般温软的口感。

食材（8~9枚）

【胚底】

准高筋粉	45g
发酵粉	1小匙
糯米粉	60g
木薯粉	35g
牛奶	100ml

A	牛奶	100ml
	绵砂糖	40g
	蜂蜜	2小匙
B	奶糖（P17）	50g
	鸡蛋	1个
	菜籽油	2小匙

事先准备

· 奶糖制作参照 P17（发硬的奶糖在微波炉稍微热一下就可以软化）。

制作方法

参照 P66~67 的步骤 1~12 制作方法。

🍩 巧克力甜甜圈

喜欢醇香中透着巧克力可可苦味的人们，
一定不要错过这一款哦。
甜度适中而又独特的口感，吃多少都觉得不过瘾。

🥄食材（8~9枚）

【胚底】

准高筋粉	30g
发酵粉	1 小匙
可可粉	20g
糯米粉	60g
木薯粉	35g
牛奶	50ml
A 牛奶	100ml
绵砂糖	70g
蜂蜜	1 大匙
B 鸡蛋	1 个
菜籽油	2 小匙

事先准备

· 将可可粉、准高筋粉、发酵粉一起筛。

制作方法

参照 P66~67 的步骤 1~12 制作方法。

⊙ 生姜甜甜圈

你中有我,我中有你,享受蜂蜜与生姜互相交融的味道。
那鲜亮光滑的外形着实令人心动。

🥄食材(8~9枚)

【胚底】

准高筋粉		45g
发酵粉		1 小匙
糯米粉		60g
木薯粉		35g
牛奶		50ml
A	牛奶	100ml
	蔗糖	45g
B	蜂蜜	1 大匙
	鸡蛋	1 个
	菜籽油	2 小匙
泡姜(参照 P71)		2 大匙

事先准备

· 发硬的泡姜在微波炉稍微热一下就可以软化。

制作方法

参照P66~67的步骤1~12制作方法(在步骤 10 中加入泡姜)。

生姜糖浆可加入咖啡、红茶、酸奶一起食用。
泡姜可以抹在甜甜圈上食用，也可作为烘焙材料。
家中常备生姜糖浆和泡姜，让你的生活更便利，
我们一起看看怎么制作吧！

生姜糖浆和泡姜

【生姜糖浆】

 食材

生姜（去皮）········25g
赤糖 ···············2 小匙
蜂蜜 ···············50ml

制作方法

1 把整只生姜放入小锅煮两分钟左右。

2 沥水，切成 2~3mm 薄片，装入用沸水消毒过的瓶子里。

3 将蜂蜜和赤糖倒入另外一个小锅，开火后混合加热。

4 赤糖溶化后倒入 3。

5 冷却后盖好盖子，在冰箱里保存至少一个晚上。

*冷藏可以保存 1~2 周。

【泡姜】

食材

生姜（去皮）········50g   蜂蜜 ···········2 小匙
赤糖 ···············40g   柠檬汁 ·······半小匙

制作方法

1 与生姜糖浆制作时一样，将整只生姜放入小锅煮两分钟左右。

2 沥水，切成碎丁。

3 把赤糖和 2 一起放入一个碗里，常温放置大约 1 小时。

4 把 3、蜂蜜、柠檬汁放入小锅，用较弱的中火煮开。

5 待锅里的气泡变成蜜状散发出奶糖味时，将火关闭。

6 使用食物处理器做成膏状。

7 将做好的泡姜装入用沸水消过毒的瓶子，冷却后放入冰箱保存。

*冷藏可以保存 1~2 周。

生姜糖浆　　　　　　　泡姜

红豆甜甜圈

红豆特有的甜味，松饼一般的口感，
真是一款低调又惹人爱的甜甜圈。

食材（8~9枚）

【胚底】

准高筋粉	45g
发酵粉	1小匙
糯米粉	60g
木薯粉	35g
牛奶	50ml

A	牛奶	100ml
	蔗糖	50g
B	糖浆	1大匙
	鸡蛋	1个
	菜籽油	2小匙

红豆馅	20g

制作方法

参照 P66~67 的步骤 1~12 制作方法
（在步骤 10 中加入红豆）。

 抹茶甜甜圈

软软的甜甜圈因为抹茶的加入，蕴藏着淡淡的苦中带甜、
甜中带苦，是一款如糕点般美味的甜甜圈。

食材（8~9 枚）

【胚底】

准高筋粉	45g
发酵粉	1小匙
糯米粉	60g
木薯粉	35g
牛奶	50ml
抹茶	2.5小匙

A | 牛奶 | 100ml |
| 绵砂糖 | 60g |

B | 糖浆 | 1大匙 |
| 鸡蛋 | 1个 |
| 菜籽油 | 2小匙 |

制作方法

参照 P66~67 的步骤 1~12 制作
方法（在步骤 3 中混合加入木
薯粉、牛奶和抹茶）。

🍩 红糖板栗甜甜圈

感受让人陶醉的红糖和板栗味道，
带你享受双重口味的松软甜甜圈。

🥄 食材（8~9枚）

【胚底】

准高筋粉··········45g
发酵粉··········1小匙
糯米粉··········60g
木薯粉··········35g
牛奶··········50ml

A | 牛奶··········100ml
A | 绵红糖··········65g
A | 盐··········少量

B | 糖浆··········1大匙
B | 鸡蛋··········1个
B | 菜籽油··········2小匙
板栗··········20g

事先准备

·在平底锅提前炒好板栗。

制作方法

1 参照 P66~67 的步骤
1~12 制作方法（在步
骤 10 中加入板栗）。

小贴士

·红糖凝固的情况下可以使用搅拌器打碎。

·用平底锅炒板栗，香味更胜一筹。

🍩 红薯甜甜圈

使用筋道的红薯干做成的一款甜甜圈，
味道绝对值得期待。

🥄 食材（8~9枚）

【胚底】

准高筋粉··········45g
发酵粉··········1小匙
糯米粉··········60g
木薯粉··········35g
牛奶··········50ml

A | 牛奶··········100ml
A | 蔗糖··········55g
A | 盐··········少量

B | 糖浆··········1大匙
B | 鸡蛋··········1个
B | 菜籽油··········2小匙
红薯干··········50g

事先准备

·将红薯干切成 1cm 的丁。

制作方法

参照 P66~67 的步骤 1~12 制作方
法（在步骤 10 中加入红薯干）。

小贴士

·可以用普通烤红薯代替红薯干。

🌸 樱花甜甜圈

是谁把柚木栽在了甜甜圈上面?
原来是樱花装点了甜甜圈。
樱花的清香,入口即蔓延开来,让人无法拒绝。

🥄 食材（8~9 枚）

【胚底】

准高筋粉	⋯⋯⋯⋯⋯	45g
发酵粉	⋯⋯⋯⋯⋯	1 小匙
糯米粉	⋯⋯⋯⋯⋯	60g
木薯粉	⋯⋯⋯⋯⋯	35g
牛奶	⋯⋯⋯⋯⋯	50ml
A	牛奶 ⋯⋯⋯⋯	100ml
	绵砂糖 ⋯⋯⋯	55g
	糖浆 ⋯⋯⋯⋯	1 大匙
B	鸡蛋 ⋯⋯⋯⋯	1 个
	菜籽油 ⋯⋯⋯	2 小匙
樱花叶粉	⋯⋯⋯⋯	1 小匙
樱花瓣（冻干）	⋯⋯⋯	适量

制作方法

1 参照 P66~67 的步骤 1~12
  制作方法（在步骤 10 中加
  入樱花叶粉）。

2 可以用滤茶网把樱花瓣压
  碎,嵌入甜甜圈。

小贴士

· 可以将渍过盐水的樱花叶 1~2 片嵌入
  甜甜圈,以此来代替樱花叶粉。

聚会明星——甜甜圈

3点的下午茶，偶尔来一款与人共品的甜甜圈，可好？
热热闹闹的氛围中，一款让人垂涎的甜甜圈，
绝对可以兴奋每个人的神经。

甜甜圈塔

生日聚会，用甜甜圈塔来庆祝吧。
多彩的3色糖霜装饰着层层叠叠的甜甜圈，
在烛光的映照下，着实惹人喜爱。

食材

松软的烘焙甜甜圈·······················20 个
【糖霜】
糖粉·····································160g
（想要硬一点准备 180g）
蛋清·····························1 个（约 30g）
柠檬汁·································半小匙
液体色粉（浅蓝色、粉色）······各适量

制作方法

1 将甜甜圈层叠摆放在蛋糕架上。

2 参照 P85 糖衣制作方法，将 1/3 白色、
  1/3 浅蓝色、1/3 粉色混合后搅匀。

3 从 1 的最上面用勺子浇上 2 的白色、
  浅蓝色、粉色做成的糖霜。

小贴士

· 放点水果点缀，会更有感觉。
· 粉色与白色、浅蓝色放入同一个碗里混合时，
  稍稍搅一下，整体感觉会更柔和。

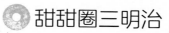 甜甜圈三明治

用胚底夹上喜欢的食材,做成甜甜圈三明治。
上层插上装饰后,就成了适合野餐的轻便午餐。

食材

烘焙甜甜圈 ·····························适量
* 这里使用的是番茄罗勒甜甜圈
（P48）、大豆甜甜圈（P50）、蘑
菇甜甜圈（P51）。
黄油 ··································适量
蛋黄酱 ································适量
个人喜好的主食材（蕃茄、生菜、牛
油果、熏火腿、蘑菇等）··········适量

制作方法

1 在做好的甜甜圈胚底内侧薄薄地
抹上一层黄油和蛋黄酱。

2 夹上个人喜好的蕃茄、生菜等。

3 将甜甜圈横着切成两半。

排排坐甜甜圈

不同颜色、不同口味的生圈排成一排，
顿时就成了一款神气十足的排排坐甜甜圈。
在桌面小烟花的照耀下，瞬间就有了圣诞节的气氛。

食材

个人口味的生圈··················· 4 个
* 这里使用的是奶糖生圈（P17）、半熟
芝士生圈（P19）、抹茶芝士生圈（P21）、
山莓生圈（P26）。
个人喜欢的水果（草莓、蓝莓、葡萄等）
···································适量
打发奶油（参照 P9）···········适量

制作方法

1 取出冰箱里冷冻的甜甜圈整齐地摆成
  一排。

2 在 1 的四周放上水果进行装饰，确保
  甜甜圈保持原形，在冰箱里冷冻约 10
  分钟。

3 在 2 的上面浇上奶油，并用水果进行
  装饰。

小贴士

· 选择大小合适的盘子盛放生圈和装饰水果。
· 请在甜甜圈刚从冰箱取出来时，点燃小烟火。
  速度要快。

甜甜圈
配饮

介绍几款
与甜甜圈完美配搭的饮品，
尽情享受下午茶时间。

🍵 生姜饮品

咖啡加生姜的大胆组合很适合搭配
经典的烘焙甜甜圈，
生奶油边溶边喝别有一番风味。

🥄 食材（1 人量）

普通速溶咖啡 ·························200ml
生姜糖浆（参照 P71）·····2~3 小匙
打发奶油（参照 P9）·············适量

制作方法

1 将速溶咖啡浓度调的比正常浓一些。

2 加入生姜糖浆，用勺子舀入打发成 7
　成的生奶油。

小贴士

· 推荐使用炭火烘焙的速溶咖啡。

🍵 水果茶

酸酸甜甜的水果红茶配哪一款甜甜
圈都很不错哦。

🥄 食材（1 人量）

茶包（浆果类香茶）·················1袋
　草莓（去蒂切两半）··········1~2 个
A 香蕉（切圆片）·····················1根
　杏干 ·······························半个

制作方法

将 A 和茶包放入茶杯，倒入开水，盖好
盖子放置大约 3 分钟。

小贴士

· 可提前在茶杯倒入开水使茶杯温热。

🍵 香蕉奶糖奶昔

香蕉奶昔里配上奶糖，

美味极了。

跟口感松软的甜甜圈简直是绝配。

🥄 食材（1 人量）

香蕉 ························· 1 根
牛奶 ·······················150ml
奶糖（参照 P17）········1 大匙

制作方法

1 把香蕉和牛奶用榨汁机打成糊状。

2 把 1 倒入放有冰块的玻璃杯，用勺子
舀入奶糖。

小贴士

· 若奶糖凝固，可以用微波炉稍微加热熔化一下。

🍵 热石榴汁

寒冷的冬天里，喝着热石榴汁，

享受着自己喜欢的甜甜圈，

最是惬意不过了。

🥄 食材（1 人量）

红茶 ·······················200ml
100% 石榴果汁········100ml
绵砂糖 ·····················2 大匙
蜂蜜 ·······················1 小匙
桂皮 ·······················半根
丁香 ·······················3 个

制作方法

将所有材料放入一个小锅，开火煮沸后
调至小火，继续加热大约 10 分钟。

甜甜圈装饰

用点心思，让简单的甜甜圈变得不一样。

巧克力涂层、糖衣、花朵结晶……

多种多样的装点方式可让你的甜甜圈更加诱人。

从简单装饰到独创花式，

接下来为大家介绍各种各样、多姿多彩的甜甜圈装饰。

⬤ 基础装饰

‖ 大理石纹样 ‖

用竹签就可以做出来的大理石纹样。除了巧克力，用糖衣也可以做成。

白巧克力与纯巧克力分别在不同的碗里隔热水熔化，在白巧克力里滴入几滴纯巧克力。

在纯巧克力落下的地方用竹签搅动，做成大理石纹样。

用勺子将 2 浇在烘焙好的甜甜圈上面。

‖ 糖衣 ‖

用蛋清和糖粉便可简单制作糖衣。

糖粉（160g）加蛋清1个（约30g），混合搅匀。

完全搅拌均匀需要3~5分钟，待泛出光泽，糖衣便做好了。

用勺子将 2 浇在烘焙好的甜甜圈上面。

‖ 花朵结晶 ‖

想让甜甜圈不枯燥，就用蛋清和绵砂糖做一些花朵结晶来装饰吧。

准备一些食用花朵，用小刷子在花瓣上刷上一层薄薄的蛋清。

用绵砂糖涂满花瓣，晾干后花朵结晶便做好了。

‖ 奶油 ‖

奶油（参照 P9）是最基本的装饰。不同的裱花嘴可以挤出种类各异的造型。

  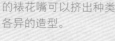

使用圣安娜花嘴在甜甜圈上挤上生奶油。

"V"形凹口部分朝上挤压，漂亮的奶油装饰就做好了。

独创装饰甜甜圈

为大家介绍"基础装饰"的进阶版——独创装饰甜甜圈。
丰富多彩的装饰让低调的甜甜圈有了华丽丽的转身。

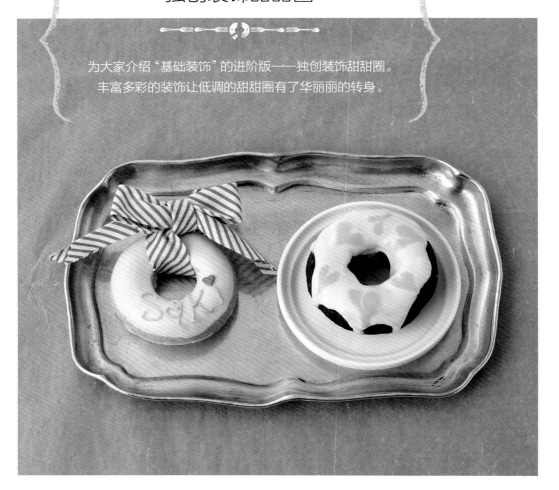

巧克力
×
丝带

在甜甜圈的表面做一层熔化后的白色
巧克力涂层。待涂层变干后，用巧克力笔
写上名字，再画一个心形糖，然后穿过甜
甜圈系一个蝴蝶结丝带。

糖衣
×
桃心

在甜甜圈的表面做一层浅蓝色糖衣涂
层。涂层未干前，用勺子将粉色糖衣滴在
涂层上形成圆形点，用竹签将粉色圆形糖
衣从正中间竖着往下分成两半下拉，就会
出现桃心的形状。

糖衣
×
奶油

用勺子在甜甜圈上浇上粉色糖衣，撒上银箔糖。待糖衣变干后，将生奶油（参照P9）装入裱花袋，用星星形状的裱花嘴在糖衣上挤上奶油，最后用山莓和薄荷叶加以装饰。

糖衣
×
花朵结晶

在甜甜圈的表面做一层糖衣涂层。涂层未干前，摆上花朵结晶（参照P85），用金箔糖在上面装饰。

甜甜圈再加工

本章介绍甜甜圈再加工的基本制作流程。
甜甜圈可变身为简单的面包干，亦可化作美味可口的蛋糕。
使不再香甜松软的甜甜圈来一个华丽变身。

 **面包干**

将甜甜圈再次烘焙，
使其散发出浓浓的奶香味，
酥酥脆脆。

 食材

个人喜好的甜甜圈………… 适量
※ 此处使用奶糖甜甜圈（ P39 ）。

制作方法

将甜甜圈切成薄片，用烤面包机或
烤箱烘焙至上色。

小贴士

· 在密封罐内放入面包干和干燥剂可保存
4~5 天。
· 将面包干与玉米片或谷类配搭使用也是不
错的选择。

日式面包干

仅用烤箱再次烘焙就可加工
为日式面包干。
不管是与沙拉还是浓汤配搭食用
都很合适。

食材

个人喜好的甜甜圈………………适量
※ 此处使用番茄罗勒甜甜圈（ P49 ）、
大豆甜甜圈（ P50 ）。

制作方法

将甜甜圈切成 1cm 厚，用烤面包机
或烤箱烘焙至上色。

小贴士

· 在密封罐内放入面包干和干燥剂可保存
4~5 天。

萨伐伦松饼

甜甜圈配上香甜的水果,再淋上用朗姆酒调制的果子露。
与香草冰激凌相配,美味至极。

食材（1 人量）

	水	200ml
	绵砂糖	80g
A	柠檬皮（去掉白色部分研磨）	1/3 个
	八角	1 个
	丁香	3~4 根
	桂皮	1/3 根

朗姆酒 ········· 35~40ml
烘焙甜甜圈 ········· 2 个
※ 此处使用的是山莓甜甜圈（P46）。
水果 ········· 适量
※ 此处使用蓝莓、山莓和黑莓。

制作方法

1 在锅中放入 A 加热至沸腾关火。冷却后加入朗姆酒。

2 在耐热杯中依次放入甜甜圈、水果、甜甜圈。

3 将加热至 40℃左右的 1 淋在 2 上。

小贴士

· 将剩余的果子露放入消毒瓶中可冷藏保存 3~4 天。

· 果子露要趁热装瓶,所以请使用耐热杯。

布丁蛋糕

剩余的甜甜圈可变为美味的布丁蛋糕。
不同种类的甜甜圈可做成风格各异的布丁蛋糕。

食材（直径 15cm 的圆形蛋糕 1 个）

甜甜圈 ······················· 3 个
※ 本章使用的是奶糖甜甜圈（P39）和
樱桃巧克力甜甜圈（P47）。

A	鸡蛋 ····················· 2 个	
	蛋黄 ····················· 2 个	
	蔗糖 ····················· 95g	
	桂皮粉 ··················· 1 茶匙	
	香草精油 ················· 4~5 滴	
	牛奶 ····················· 330ml	
	低筋粉 ··················· 35g	

朗姆酒 ····················· 2 小匙
杏仁片 ····················· 半杯
山莓 ······················· 5~6 颗

事先准备

· 在模具内侧涂上黄油。
· 将山莓分解为适当的大小。
· 将烤箱预热到 170℃。

制作方法

1 将甜甜圈用手撕成 1cm 大小。

2 在碗中放入 A，用打泡器充分混合搅拌。

3 在 2 中加入低筋粉（边筛边加）混合搅拌
   后，再加入朗姆酒混合搅拌。

4 给模具中倒入少量 3，然后交替放入桂皮
   粉、山莓和撕碎的甜甜圈，最后再倒入剩
   余的 3。

5 将模具放入特制盆内，加水到模具一半的
   高度，放入 170℃的烤箱内烘烤 60 分钟。
   插入竹签，胚底不粘黏即可。

小贴士

· 待烤后的布丁蛋糕完全冷却后
再从模具中取出。

如何包装出精美的甜甜圈

精心制作的甜甜圈一定要送给最重要的人。
只要用缎带和花边纸就能包装出精美的甜甜圈。

用喜欢的水果装点出五彩缤纷
的甜甜圈

· 在方盒内铺上花边纸，将用铝纸
  包装的甜甜圈放在中心位置。

· 在周围摆上色彩斑斓的水果，将
  甜甜圈固定。

· 在配送时要冷藏运输，注意保鲜。

酷似冰激凌棒棒糖的甜甜圈
引领时尚潮流

· 将插入冰激凌棒的甜甜圈放入透明
的包装袋中。

· 简单朴素的包装是馈赠朋友的最佳
选择。

纯手工奶糖糖浆与甜甜圈
完美组合

· 将纯手工制作的奶糖糖浆装入玻璃
瓶，用蜡纸袋来包装甜甜圈。

· 将包装好的甜甜圈放到玻璃瓶上，
用美纹胶固定。

加入茶叶袋和香料
雕刻最美茶时光

·将面包干（P89）用粗绳系上蝴蝶结。

·将打结后的面包干放入空的芝士盒中，同时放入红茶茶叶、桂皮、八角等。

·享受来自红茶和香料的美味吧。

用缎带装饰的甜美三角包

·在透明袋中放入装有甜甜圈的包装盒。

·用美纹胶将袋口折为三角形，在三角形的顶端用丝带系上蝴蝶结。

将并排摆放的甜甜圈用
缎带来装饰

- 将蜡纸和花边纸重叠铺放在空的蛋糕盒中。
- 将个人喜好的甜甜圈并排摆放后，在中心位置用缎带系上蝴蝶结。
- 建议根据甜甜圈的色彩搭配摆放。

享受味觉与视觉的极致体验……